图书在版编目（CIP）数据

室内设计全景模型效果图 . 2 / 建 E 室内设计网编
. -- 南京 : 江苏凤凰科学技术出版社 , 2022.4
ISBN 978-7-5713-2183-3

Ⅰ . ①室… Ⅱ . ①建… Ⅲ . ①住宅 - 室内装饰设计 - 图集 Ⅳ . ① TU241-64

中国版本图书馆 CIP 数据核字 (2021) 第 158311 号

室内设计全景模型效果图 2

编　　者　建E室内设计网
项目策划　凤凰空间/杜玉华
责任编辑　赵　研　刘屹立
特约编辑　杜玉华

出版发行　江苏凤凰科学技术出版社
出版社地址　南京市湖南路1号A楼，邮编：210009
出版社网址　http://www.pspress.cn
总　经　销　天津凤凰空间文化传媒有限公司
总经销网址　http://www.ifengspace.cn
印　　刷　北京博海升彩色印刷有限公司

开　　本　889mm×1194mm　1/16
印　　张　19
插　　页　4
字　　数　200 000
版　　次　2022年4月第1版
印　　次　2022年4月第1次印刷

标准书号　ISBN　978-7-5713-2183-3
定　　价　399.00元（精）

使用指南

本书精选了全国多家一线设计表现公司的 506 套最新室内设计案例，以 VR 全景效果图展示为主。书中包含了 482 个家装项目、24 个工装项目，涵盖了目前最流行的 6 种主流室内设计风格：现代简约风格、现代轻奢风格、新中式风格、北欧风格、日式风格、美式风格。

本书配套的网盘资料为每套作品对应的资料包，资料包里包含 506 套全景图对应的模型文件，为模型 + 贴图，可供设计师直接应用于方案，是设计师制图、谈单的制胜宝典。

使用指南：

一、如何使用《室内设计全景模型效果图 2》

1. 每个作品对应一个二维码和一个编码，扫描二维码可看全景效果图。

2. 联系客服，获得制图文件，根据编号找到相应的文件夹，即可找到本案例相应的模型和贴图。

3. 使用模型和贴图，可以制作自己的个性方案。

二、如何合成全景效果图

1. 登录建 E 室内设计网，网址：https://www.justeasy.cn，通过“快捷上传”入口进入“合成全景”界面。

2. 完善作品信息。

3. 选择场景，可以从本地文件中选择 3D MAX 渲染好的图片，宽高比例为 2 ： 1，格式为 jpg，每次可上传一张或多张；也可以从场景库中选择，场景库的图片为之前合成过的作品。

4. 点击“开始合成”，效果图上传完毕后开始合成，预计合成时间为 3~5 分钟。

注：①作品信息中上传的 LOGO 建议为正方形，2MB 以内，透明的 LOGO 需上传 png 格式。

②全景效果图只能上传宽高比例为 2 ： 1 的图片，大小应在 30MB 以内。

目录

家装空间

工装空间

家装空间

随着新一代消费者消费能力、审美需求以及对服务期望的提高，人们对美好人居环境的打造更加看重，他们更愿意为幸福和发展的需求付费，消费形态从产品的必需型逐渐转向享受服务的美好型，家装空间的设计对设计师提出了更新的挑战。

套装空间

别墅空间

客餐厅空间

卧室空间

书房空间

餐厨空间

卫浴空间

其他空间

F01

F02

F01

F02-1

F02-2

F03

F04

F03

F04

F03

F04

F05

F05-1

F05-2

F06

F06-1

F06-2

F07

F07-1

F07-2

F07-3

F08

F08-1

F08-2

F08-3

F09

F09-1

F09-2

F09-3

F10

F10-1

F10-2

F11

F12

F11-1

F11-2

F12

F13

F13-1

F13-2

F13-3

F14

F14-1

F14-2

F14-3

F15

F15-1

F15-2

F16

F16-1

F16-2

F16-3

F17

F17-1

F17-2

F18

F19

F18

F19

F20

F20-1

F20-2

F20-3

F21

F22

F21

F22

F23

F23-1

F23-2

F24

F24-1

F24-2

F25

F25-1

F25-2

F26

F26-1

F26-2

F26-3

F27-1

F27-2

F27

F28

F28-1

F28-2

F28-3

F29

F29-1

F29-2

F29-3

F30

F30-1

F30-2

F31

F31-1

F31-2

F31-3

F32

F32-1

F32-2

F33

A137

F33-1

F33-2

A137

F34

F34-1

F34-2

F35

F35-1

F35-2

F36

F36-1

F36-2

F37

F37-1

F37-2

F38

F38-1

F38-2

F39

F39-1

F39-2

F40

F40-1

F40-2

F41

F41-1

F41-2

F43

F43-1

F43-2

F44

F44-1

F44-2

F44-3

F45

F45-1

F45-2

F45-3

F46

F46

F47

F47-1

F47-2

F48

F49

F48

F49-1

F49-2

F50

F50-1

F50-2

F50-3

F52

F52-1

F52-2

F53

F53-1

F53-2

F54

F54-1

F54-2

F55

F55-1

F55-2

G01

G01-1

G01-2

G02

G03

G02

G03

G04

G04-1

G04-2

G05

G06

G06-1

G06-2

G06-3

G07

G07-1

G07-2

G08

G09

G10

G08

G09

G10

A010

A010-1

A010-2

A011

A011-1

A011-2

A012

A012-1

A012-2

A013

A013-1

A013-2

A014

A014-1

A014-2

A014-3

A015

A16

A015

A016-1

A016-2

A017

A017-1

A017-2

A017-3

A018

A018-1

A018-2

A019

A019-1

A019-2

A020

A020-1

A020-2

A021

A021-1

A021-2

A022

A022-1

A022-2

A023

A024

A025

A026

A025

A026

A027

A028

A027

A028

A029

A030

A029

A030

A031

A031-1

A031-2

A032

A032-1

A032-2

A032-3

A033

A033-1

A033-2

A033-3

A034

A034-1

A034-2

A035

A035-1

A035-2

A036

A036-1

A036-2

A037

A037-1

A037-2

A038

A038-1

A038-2

A039

A039-1

A039-2

A040

A41

A040

A041

A042

A042-1

A042-2

A042-3

A043

A043-1

A043-2

A044

A045

A044-1

A044-1

A045

A046

A047

A048

A049

A050

A051

A050

A051

A052

A053

A054

A055

A054

A055-1

A055-2

A056

A056-1

A056-2

A057

A057-1

A057-2

A058

A058-1

A058-2

A059

A059-1

A059-2

A060

A060-1

A060-2

A061

A061-1

A061-2

A062

A062

A063

A063-1

A063-2

A064

A064-1

A064-2

A065

A065-1

A065-2

A066

A066-1

A066-2

A067

A067-1

A067-2

A068

A068-1

A068-2

A069

A069

A070

A070

A071

A072

A071

A072

A073

A073-1

A073-2

A074

A075

A074

A075

A076

A077

A078

A079

A078

A079

A080

A080-1

A080-2

A086

A087

A088

A086

A087

A088

A089

A090

A089

A090

A091

A092

A091-1

A091-2

A092-1

A092-2

A093

A094

A093

A094-1

A094-2

A095

A096

A095-1

A095-2

A096-1

A096-2

A097

A097

A098

A098

A099

A100

A101-1

A101

A102

A101-2

A102-1

A102-2

A103

A104

A103

A104-1

A104-2

A105

A106

A105

A106

A107

A108

A107

A108-1

A108-2

A109

A110

A109

A110-1

A110-2

A111

A112

A113

A111

A112

A113

A114

A115

A116

A117

A118

A119

A118

A119

A120

A121

A120

A121

A122

A123

A122

A123

A124

A124-1

A124-2

A125

A126

A125

A126-1

A126-2

A127

A128

A129

A129-1

A129-2

A130

A131

A132

A130

A131

A132

A133

A134

A133

A134-1

A134-2

A135

A135-1

A135-2

A136

A136-1

A136-2

A142

A143

A144

A142

A143

A144

A145

A145-1

A145-2

A145-3

A146

A147

A146

A147

A148
A149
A150

A148

A149

A150

A151

A152

A151-1

A151-2

A152

A153

A153-1

A153-2

A153-3

A154

A154-1

A154-2

A155

A236

A247

A258

A247

A258

A266

A273

A266

A273

A275

A276

A278

A275

A276

A278

A281

A282

A283

A281

A282

A283

A284

A306

A284

A306-1

A306-2

A307

A307-1

A307-2

A315

A317

A315

A317-1

A317-2

A320

A322-1

A322-2

A320

A322

A323

A325

A323-1

A323-2

A325

A326

A327

A326

A327

H01

H02

H03

H03-1

H03-2

A156

A157

A158

A159

A164

A165

A166

A164

A165

A166

A167-1

A167-2

A167

A168

A169

A168

A169

A170

A171

A172

A170

A171

A172

A173

A174

A175

A173

A174

A175

A176

A176-1

A176-2

A177

A178

A177

A178

A179

A180

A181

A179

A180-1

A180-2

A181

A182

A182-1

A182-2

A183

A184

A185

A183

A184

A185

A186

A187

A188

A186

A187

A188

A189

A189-1

A189-2

A190

A191

A192

A191

A192-1

A192-2

A193

A193-1

A193-2

A194

A195

A194-1

A194-2

A195

A196

A196-1

A196-2

A196-3

A197

A197-1

A197-2

A198

A198-1

A198-2

A199

A200

A199

A200-1

A200-2

A201

A202

A201

A202

A203

A204

A203

A204

A205

A206

A205-1

A205-2

A206

A207

A207-1

A207-2

A208-1

A208-2

A208

A209

A210

A209-1

A209-2

A210

A211

A211-1

A211-2

A212

A213

A212

A213-1

A213-2

A214

A215

A214

A215-1

A215-2

A216

A217

A216

A217

A218

A219

A218

A219-1

A219-2

A220

A221

A220

A221

A222

A222-1

A222-2

A223

A224

A225

A226

A226-1

A226-2

A227

A228

A227-1

A227-2

A228

A229

A229

A230

A230

A231

A231-1

A231-2

A232

A232-1

A232-2

A233

A233-1

A233-2

A234

A235

A237

A238

A237

A238

A239

A239-1

A239-2

A240

A241

A240

A241

A242

A242-1

A242-2

A243

A244

A244-1

A244-2

A245

A246

A248

A245

A246

A248

A249

A249-1

A249-2

A250

A250-1

A250-2

A251

A252

A253

A254

A255

A256

A256-1

A256-2

A257

A257-1

A257-2

A259

A259-1

A259-2

A260

A260-1

A260-2

A261

A261-1

A261-2

A261-3

A262

A263

A264

A262

A263

A264

A265

A267

A265

A267

A268

A269

A268

A269

A270

A270-1

A270-2

A271

A271-1

A271-2

A272

A274

A272

A274-1

A274-2

A277

A279

A277

A279-1

A279-2

A280

A285

A286

A280

A285

A286

A287

A287-1

A287-2

A287-3

A288

A289

A294

A294-1

A294-2

A295

A296

A297

A298

A297

A298

A299

A300

A319

A324

A319

A324

A301

A302

A303

A301

A302

A303

A304

A305

A304

A305

A308

A308-1

A308-2

A001

A001-1

A001-2

A002

A002-1

A002-2

A003

A004

A005

A005

A006

A006

A007

A008

A009

A007

A008

A009

A310

A321

A310

A321

C04

C05

C06

C07

C04

C05

C06

C07

C13

C14

C15

C13

C14

C15

C16

C17

C18

C16

C17

C18

C19

C20

C21

C19

C20

C21

C22

C23

C24

C22

C23

C24

C25

C26

C27

C25

C26

C27

C28

C29

C30

C28

C29

C30

C31-1

C31-2

C31

C32

C33

C32

C33

C34

C35

C67

C34

C35

C67

C68

C69

C70

C68

C69

C70

C71

C72

C71

C72

C36

C37

C38

C36

C37

C38

C39

C40

C41

C39

C40

C41

C42

C42

C43

C43

C44

C44

C45

C46

C47

C45

C46

C47

C48

C49

C50

C48

C49

C50

C51

C52

C51

C52

C53

C54

C55

C56

C57

C55

C56

C57

C58

C59

C58

C59

C03

C66

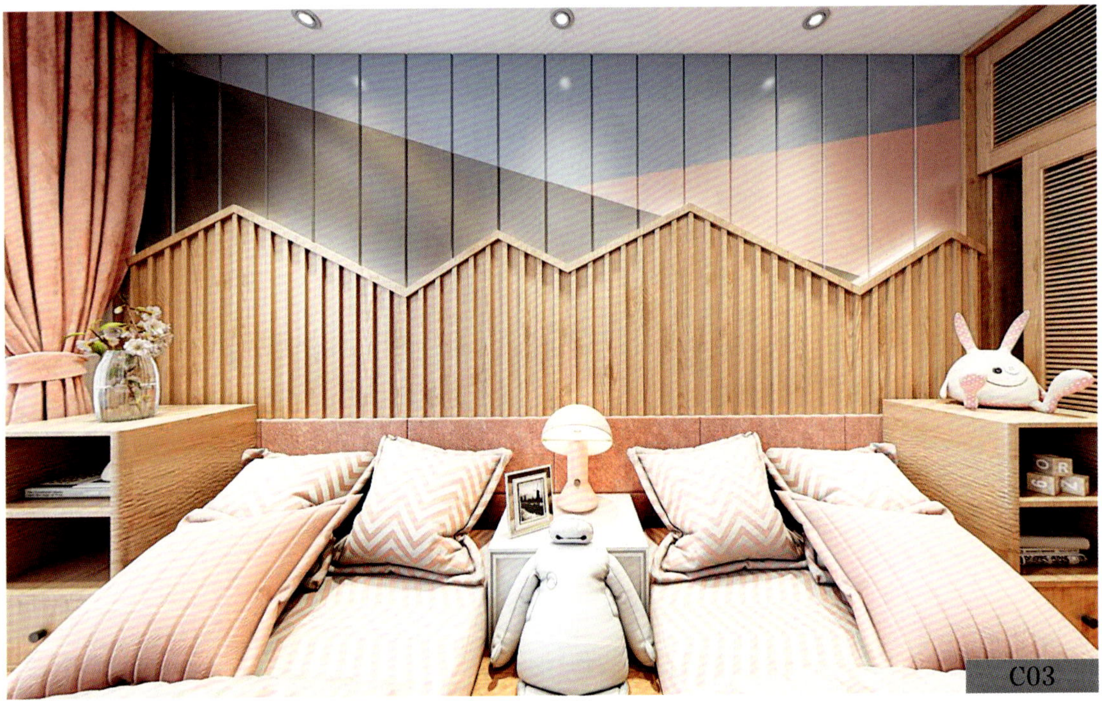

C03

C66

C10

C11

C12

C10

C11

C12

E03

E03-1

E03-2

E01

E02

B01

B02

B04

B03

D02

D03

D02

D03

D04

D01

H04

H05

H06

H07

H04

H05

H06

H07

C62

C63

C62

C63

C64

C65

C64

C65

H08

H08-1

H08-2

H09

H09-1

H09-2

工装空间

工装空间设计的目的并不是通过强烈的视觉冲击来短暂吸引人们的注意，而是将品牌信息通过需求、视觉、行为、心理感受等，慢慢渗透到客户的五官六感中，在人们还没注意到其存在的时候，有力的传达已经悄然完成。

餐饮空间

办公空间

服装店空间

展厅空间

健身房空间

美容美发空间

KTV 空间

其他空间

J01

J01-1

J01-2

J01-3

J02

J03

J02

J03-1

J03-2

J04

J05

J06

J04

J05

J06

J07

J08

J09

J07

J08

J09

I01

I02

I03

I01

I02

I03

I04

I04-1

I04-2

K01

K02

K01

K02

M01

M02

M01

M02

001

001

L01

N02

L01

N02

P01

P01-1

P01-2

N01

N03

N04

N03

N04